Kemper
Brennen und Löschen

– 3. Auflage 2008 –

Fachwissen Feuerwehr

FACHWISSEN FEUERWEHR

Kemper

BRENNEN
UND
LÖSCHEN

3. Auflage 2008

ecomed
SICHERHEIT

Hinweise für den Benutzer

Die Wiedergabe von Gebrauchsnamen, Handelsnamen, Warenbezeichnungen usw. in diesem Werk berechtigt auch ohne besondere Kennzeichnung nicht zu der Annahme, dass solche Namen im Sinne der Warenzeichen- und Markenschutzgesetzgebung als frei zu betrachten wären und daher von jedermann benutzt werden dürfen.

In diesem Werk werden Rechtsgrundlagen, physikalisch-chemische Daten, Grenzwerte, Gefahrenhinweise und Sicherheitsratschläge erwähnt. Der Leser darf darauf vertrauen, dass Autor und Verlag größte Mühe darauf verwandt haben, diese Angaben bei Fertigstellung dieser Schrift genau dem Wissensstand entsprechend zu bearbeiten; dennoch sind Fehler nicht vollständig auszuschließen.

Autor und Verlag haften demgemäß nicht für Fehler, die trotz der aufgewendeten Sorgfalt möglich sind.

Mit freundlicher Empfehlung

Autor und Verlag

Bibliografische Information der Deutschen Nationalbibliothek

Die Deutsche Nationalbibliothek verzeichnet diese Publikation in der Deutschen Nationalbibliografie; detaillierte bibliografische Daten sind im Internet über http://dnb.ddb.de abrufbar.

Kemper

Brennen und Löschen

Reihe: Fachwissen Feuerwehr

3. Auflage 2008

Justus-von-Liebig-Straße 1, 86899 Landsberg/Lech

Telefon 08191/125-0, Telefax 08191/125-526
Internet: http://www.ecomed.de
E-Mail: info@ecomed.de

Satz: abavo GmbH, 86807 Buchloe
Druck: Kessler Druck + Medien, 86399 Bobingen
Printed in Germany 2008/02
ISBN: 978-3-609-62023-7

Vorwort

Die Anforderungen an die Angehörigen der Freiwilligen Feuerwehren, Berufsfeuerwehren, Werk- und Betriebsfeuerwehren haben sich im Laufe der Jahre erheblich verändert. Genügten früher die Kenntnisse der normalen Brandbekämpfung, müssen heute selbst kleine Feuerwehren die unterschiedlichsten Notlagen meistern, um in Not geratenen Mitmenschen oder Tieren zu helfen, Sachwerte zu erhalten und die Umwelt vor Schaden zu bewahren.

Dies ist nur noch möglich, wenn für die Feuerwehrangehörigen eine umfassende und wirksame Aus- und Weiterbildung angeboten und durchgeführt wird.

Diese Forderung steht jedoch dem Problem gegenüber, dass diese Aus- und Weiterbildung von den meist freiwillig tätigen Angehörigen der Feuerwehren zusätzlich zu den immer weiter steigenden Anforderungen im Berufsleben geleistet werden muss.

Letztlich liegt es an jedem Feuerwehrangehörigen selbst, ob und in welchem Umfang er bereit ist, sich durch eine regelmäßige und aktive Teilnahme an der Aus- und Weiterbildung den gesteigerten Anforderungen der Feuerwehr zu stellen.

Das Ziel der Broschürenreihe „Fachwissen Feuerwehr" besteht darin, die Feuerwehrangehörigen mit dem Wissen auszustatten, das in der heutigen Zeit erforderlich ist, um aufgabengerecht und wirkungsvoll tätig zu werden.

Sie ist vorrangig für die Feuerwehrangehörigen vorgesehen, die erstmals in das Thema Feuerwehr „einsteigen" und diejenigen, die sich ein solides Basiswissen aneignen möchten.

Vorwort

Die Gliederung der Broschürenreihe entspricht weitgehend der Gliederung der Feuerwehr-Dienstvorschrift FwDV 2 „Ausbildung der Feuerwehren“ und den daraus abgeleiteten Lernzielkatalogen. Deshalb können diese Ausarbeitungen auch zur Lehrgangsvorbereitung und -begleitung genutzt werden. Das praktische Broschürenformat ermöglicht eine leichte Handhabung in der Praxis.

Die Texte und Abbildungen sind in leicht verständlicher Weise dargestellt, wichtige Hinweise und Merksätze filtern die für die Praxis wichtigen Informationen heraus. Auf die Verwendung spezieller Formeln und wenig gebräuchlicher Begriffe und Einheiten wird weitgehend verzichtet. Die Angaben technischer Daten erfolgen ohne Gewähr.

Die Funktionsbezeichnungen und personenbezogenen Begriffe gelten sowohl für weibliche als auch für männliche Feuerwehrangehörige.

Damit die Einsatzkräfte der Feuerwehr mit den ihnen zur Verfügung stehenden Löschgeräten und -mitteln den größtmöglichen Erfolg erzielen können, müssen sie den Ablauf von Verbrennungsvorgängen abschätzen und die Einsetzbarkeit und Wirkung der Löschmittel beurteilen können.

In dieser Broschüre werden deshalb zunächst die grundlegenden Zusammenhänge des Verbrennungsvorganges erläutert. Darauf aufbauend werden die verschiedenen Löschverfahren und die jeweils anzuwendenden Löschmittel dargestellt und beschrieben.

Hinweis: In die vorliegende 3. Auflage sind die aktuellen Änderungen der Normen und Rechtsverordnungen sowie Erläuterungen zu Brandverläufen in geschlossenen Räumen eingearbeitet.

Geseke, Februar 2008 Hans Kemper

Inhalt

1 Einleitung

Brände verlaufen sehr unterschiedlich; deshalb sind je nach Art des brennbaren Stoffes und Ablauf des Brandes beim Löschen unterschiedliche Löschmittel und -verfahren anzuwenden.

Um mit den zur Verfügung stehenden Löschgeräten und -mitteln den größtmöglichen Erfolg zu erzielen, müssen bei deren Anwendung die Zusammenhänge des Brennens und Löschens beachtet werden. Der Löscherfolg sollte nicht zufällig eintreten; vielmehr müssen sich die getroffenen Maßnahmen auf die genauen Kenntnisse der Abläufe stützen.

Abbildung 1: „Brennt Gebäude in voller Ausdehnung!" (Foto: firemovie, Offenbach)

Ein Brand ist ein nicht bestimmungsgemäßes Brennen, das sich unkontrolliert ausbreiten kann. Um Brände bekämpfen zu können, müssen die Einsatzkräfte

- den Vorgang der Verbrennung,
- den Einfluss brennbarer Stoffe auf das Entstehen und Fortbestehen einer Verbrennung,
- die Klassifizierung brennbarer Stoffe,
- die Begleiterscheinungen und die Besonderheiten der Brände und
- die Löschmittel und Löschverfahren sowie ihre Anwendungen kennen.

Die Verbrennung ist ein Vorgang, bei dem sich ein brennbarer Stoff mit Sauerstoff verbindet. Damit es dazu kommen kann, müssen neben dem brennbaren Stoff und dem Sauerstoff, die in einem geeigneten Verhältnis zueinander stehen müssen, auch eine bestimmte Zündtemperatur und gegebenenfalls ein Katalysator als Vorbedingung vorhanden sein. Eine Verbrennung ist mit Flammen- und/oder Gluterscheinungen und gegebenenfalls auch mit einer sichtbaren Rauchentwicklung verbunden.

Bei der Brandbekämpfung, dem Löschen, kommt es nun darauf an, eine oder mehrere Vorbedingungen der Verbrennung zu stören oder zu unterbinden. Hierfür werden verschiedene feste, flüssige oder gasförmige Löschmittel mit unterschiedlichen Eigenschaften eingesetzt.

Mit den Kenntnissen der Zusammenhänge des Brennens und Löschens ist es den Einsatzkräften der Feuerwehr möglich, die notwendigen Löschmittel in Verbindung mit dem geeigneten Löschgerät sachgerecht und wirksam einzusetzen, um eine zielgerichtete Brandbekämpfung durchzuführen.

2 Verbrennungsvorgang

Die chemische Reaktion eines Stoffes mit Sauerstoff (lat.: Oxygenium) wird als Oxidation bezeichnet. Die Oxidation kann sehr langsam in größeren Zeitabschnitten und ohne Feuererscheinung verlaufen (z.B. rosten, gären, faulen, verwesen) oder auch sehr schnell mit entsprechender Feuererscheinung (z.B. brennen, explodieren), dies wird dann als Verbrennung bezeichnet.

Die Verbrennung ist ein selbstständig ablaufender Vorgang, bei dem sich ein brennbarer Stoff unter Feuererscheinung (Licht- und/oder Wärmeentwicklung) mit Sauerstoff oder Umgebungsluft verbindet. Dabei können Verbrennungsprodukte wie z.B. Rauch, Ruß, Asche und Wärme frei werden.

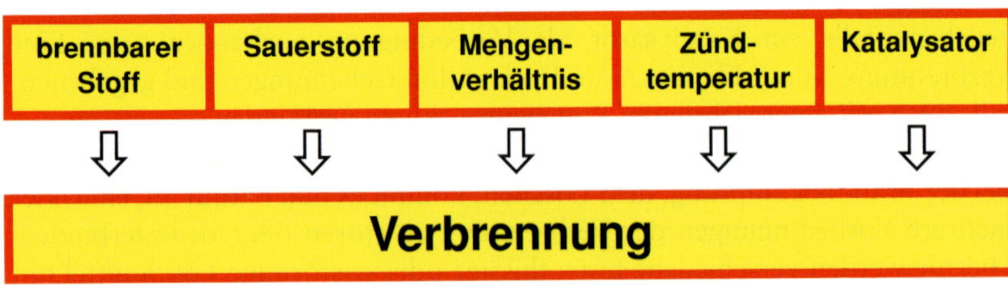

Für die Verbrennung müssen fünf Vorbedingungen gleichzeitig gegeben sein:

- Es muss ein **brennbarer Stoff** in einer für die Verbrennung geeigneten Form vorhanden sein.
- Es muss **Sauerstoff** vorhanden und seine ungehinderte Zufuhr während der Verbrennung gewährleistet sein.
- Ein günstiges **Mengenverhältnis** zwischen brennbarem Stoff und Sauerstoff muss vorhanden sein.
- Die **Zündtemperatur** des brennbaren Stoffes muss erreicht sein.
- Es muss gegebenenfalls ein **Katalysator** vorhanden sein.

Feuer ist die sichtbare Erscheinung einer Verbrennung, bei der Wärme freigesetzt wird. Je nach Aggregatzustand des brennbaren Stoffes kann diese Erscheinung als Flamme und/oder Glut auftreten.

Ein **Nutzfeuer** ist eine beabsichtigte und kontrollierte Verbrennung an einem bestimmten Ort. Es wird zum Erwärmen oder Verbrennen von Gegenständen genutzt. Hierzu zählt z.B. ein Kaminfeuer oder ein Grillfeuer.

Ein **Schadenfeuer**, auch Brand genannt, ist eine unbeabsichtigte und unkontrollierte Verbrennung, die vorsätzlich, fahrlässig oder durch andere nicht vorhersehbare Umstände verursacht wird. Nach Art der Branderscheinung wird zwischen Flammen-, Glut-, Glimm- oder Schwelbrände unterschieden, nach Art der Brandobjekte z.B. zwischen Keller-, Zimmer- oder Waldbrände.

2.1 Brennbare Stoffe

Brennbare Stoffe sind feste, flüssige oder gasförmige Stoffe, die im Gemisch oder im Kontakt mit Umgebungsluft oder Sauerstoff zum Brennen angeregt werden können.

2.1.1 Brandverhalten

Brennbare **feste Stoffe** können verbrennen, wenn sie durch thermische Aufbereitung schmelzen und verdampfen oder zersetzt werden und brennbare Gase bilden. Sie brennen dann mit Flamme und Glut (z.B. Holz, Kunststoff, Papier). Die gasförmigen Bestandteile bilden die Flammen, der feste Kohlenstoff bildet die Glut. Einige feste Stoffe brennen nur mit Glut (z.B. Holzkohle, Koks). Bei diesen entgasten Stoffen glimmen dann die kohlenstoffhaltigen Rückstände. Metalle verbrennen ebenfalls nur mit Glut.

Brennbare **flüssige Stoffe** (oder flüssig werdende Stoffe) brennen selbst nicht. Vielmehr kommt es bei diesen Stoffen unter Temperatureinfluss zum Verdunsten, d.h. dass Flüssigkeitsteilchen in den gasförmigen Zustand übergehen.

Diese können an der Flüssigkeitsoberfläche in Verbindung mit dem Sauerstoff der Umgebungsluft ein entzündbares Dampf-Luft-Gemisch bilden. Dämpfe von Flüssigkeiten brennen nur mit Flammen.

Brennbare **gasförmige Stoffe**, die in Druckgasflaschen, in Rohrleitungen oder in sonstigen Behältern vorgehalten werden und unter Druck austreten, können sich mit dem Sauerstoff der Umgebungsluft zu einem entzündbaren Gas-Luft-Gemisch verbinden, das nur mit Flammen verbrennt.

Hinweis: Unter **Dämpfen** versteht man den gasförmigen Zustand von flüssigen Stoffen, deren Siedepunkt bei einem Luftdruck von 1013 hPa **über** der Temperatur von 20 °C liegt.

Gase sind die Stoffe, die bei einem Luftdruck von 1013 hPa und einer Temperatur von 20 °C im gasförmigen Zustand vorliegen.

2.1.2 Brandklassen

Die brennbaren Stoffe haben unterschiedliche stoffspezifische Eigenschaften, die auch ein unterschiedliches Brandverhalten zur Folge haben. Gemäß der Norm DIN EN 2 werden die verschiedenartigen Brände entsprechend der Art des brennbaren Stoffes in fünf Brandklassen eingeordnet.

Zur einfachen Verständigung in Wort und Schrift werden den Brandklassen bestimmte Kennbuchstaben zugeordnet.

Die Einordnung in Brandklassen ist für die Brandbekämpfung von Bedeutung, da Brände von brennbaren Stoffen, die der gleichen Brandklasse zugeordnet werden, auch mit den gleichen Löschmitteln und -verfahren gelöscht werden können.

Hinweis: Nicht die brennbaren Stoffe **selbst**, sondern **die Brände** der brennbaren Stoffe werden in Brandklassen eingeteilt!

Tabelle 1: Einteilung der Brände in Brandklassen

Brand-klasse	Merkmal	Beispiele	Bildzeichen
A	Brände fester Stoffe, hauptsächlich organischer Natur, die normalerweise unter Glutbildung verbrennen	Holz, Kohle, Papier, Kunststoffe, Stroh, Textilien	
B	Brände von flüssigen oder flüssig werdenden Stoffen	Alkohol, Benzin, Fett, Harz, Mineralöl, Teer, Wachs	
C	Brände von Gasen	Acetylen, Butan, Propan, Erdgas, Wasserstoff	
D	Brände von Metallen	Aluminium, Kalium, Magnesium, Natrium	
F	Brände von Speisefetten und -ölen in Frittier- und Fettbackgeräten und anderen Kücheneinrichtungen und -geräten	pflanzliche oder tierische Fette und Öle	

2.1.3 Entzündbarkeit

Die Entzündung ist der Vorgang, der die Verbrennung eines Stoffes mehr oder weniger leicht **einleitet.** Ein brennbarer Stoff ist umso leichter entzündbar, je weniger Energie zum Erreichen seiner Zündtemperatur aufgebracht werden muss. Nach ihrer Entzündbarkeit werden die brennbaren Stoffe eingeteilt in:

- **selbst entzündbare** Stoffe (z. B. weißer Phosphor, ölgetränkte Putzlappen), die ohne eine äußere Zündquelle zur Entzündung kommen, da sie die erforderliche Wärmeenergie aus der eigenen Oxidation entwickeln.
- **leicht entzündbare** Stoffe (z. B. Acetylen, Zellhorn), die sich mit einer geringen Energiezufuhr, etwa durch einen Funken, eine glimmende Zigarette, eine heiße Oberfläche o. Ä. entzünden lassen.
- **normal entzündbare** Stoffe (z. B. Holzwolle, Stroh), die sich mit einer Zündquelle, wie z. B. einem brennenden Streichholz, entzünden lassen.
- **schwer entzündbare** Stoffe (z. B. Hartholz), die sich nur mit einer stärkeren Zündquelle, wie z. B. einer Gasflamme, entzünden lassen.

2.1.4 Brennbarkeit

Die Brennbarkeit bezieht sich auf das Brandverhalten der Stoffe **nach** einer erfolgten Zündung. Nach ihrer Brennbarkeit werden die Stoffe eingeteilt in:

- **schwer brennbare** Stoffe (z. B. Wolle, PVC-hart), die nach dem Entzünden nur weiterbrennen, wenn Wärme zugeführt wird. Sie erlöschen daher nach der Wegnahme der Zündquelle wieder.
- **normal brennbare** Stoffe (z. B. Holz > 2 mm, Dachpappe), die nach dem Entzünden und der Wegnahme der Zündquelle selbstständig mit normaler Geschwindigkeit weiterbrennen.
- **leicht brennbare** Stoffe (z. B. Gase, Papier, Holzwolle), die nach dem Entzünden und der Wegnahme der Zündquelle selbstständig mit sehr hoher Geschwindigkeit weiterbrennen.

2.1.5 Verbrennungswärme

Die Verbrennungswärme, auch Heizwert genannt, ist die Wärmemenge, die freigesetzt wird, wenn ein Stoff vollständig verbrennt. Sie ist unabhängig davon, ob der Stoff schnell oder langsam verbrennt. Der Heizwert gibt an, welche Wärmemenge (gemessen in Kilojoule) beim vollständigen Verbrennen einer bestimmten Stoffmenge (gemessen in Kilogramm oder Kubikmeter) frei wird.

Tabelle 2: Heizwerte bestimmter Stoffe (Durchschnittswerte)

Stoff	Heizwert
Acetylen	57.000 kJ/m³
Benzin	42.500 kJ/kg
Diesel	43.500 kJ/kg
Erdgas	36.500 kJ/m³
Holz	15.000 kJ/kg
Magnesium	25.000 kJ/kg
Polyethylen	46.000 kJ/kg
Propan	93.500 kJ/kg

2.1.6 Verbrennungstemperatur

Je nach der Geschwindigkeit, mit der die Verbrennungswärme eines Stoffes frei wird, entsteht eine mehr oder weniger hohe Verbrennungstemperatur. Diese hängt im Wesentlichen von der Verbrennungswärme und von der Verbrennungsgeschwindigkeit des betreffenden Stoffes ab.

Bedingt durch die Wärmeverluste an die Umgebung kann die Verbrennungstemperatur nie den errechenbaren Höchstwert erreichen. Deshalb werden die bei Bränden praktisch gemessenen Verbrennungstemperaturen für die Beurteilung von Stoffen genutzt.

Tabelle 3: Verbrennungstemperaturen (Durchschnittswerte)

Stoff	Verbrennungs-temperatur
Acetylen/Sauerstoff	3100 °C
Erdgas	1500 °C
Holz	1100 °C
Magnesium	3100 °C
Papier	800 °C
Steinkohle	2300 °C
Streichholz	800 °C
Zigarette (beim Zug)	750 °C

Hinweis: Die bei ausgedehnten Bränden in Wohngebäuden oder ähnlichen Bauwerken auftretenden Verbrennungstemperaturen liegen im Allgemeinen zwischen **800 °C** und **1200 °C**.

2.2 Sauerstoff

Sauerstoff (O_2) ist ein farb-, geruch- und geschmackloses Gas. Es ist Bestandteil der Luft und in Gewässern gelöst. Sauerstoff ist zwar selbst nicht brennbar, ist aber das unverzichtbare Oxidationsmittel des Brennens und auch an vielen sonstigen chemischen Vorgängen beteiligt.

Bei den meisten Bränden wirkt der Sauerstoff der Umgebungsluft als Oxidationsmittel. Es gibt aber auch Stoffe, die selbst Sauerstoffträger sind und so das erforderliche Oxidationsmittel „mitbringen“. Dies gilt z.B. für Peroxide, Nitrate oder alle Sprengstoffe.

Sauerstoff kann durch Verflüssigung aus Luft gewonnen und als Druckgas (150 bar) in Stahlflaschen in den Verkehr gebracht werden.

Tabelle 4: Zusammensetzung der Umgebungsluft

Bestandteil	chemisches Zeichen	Anteil
Stickstoff	N_2	78,090 Vol.%
Sauerstoff	O_2	20,940 Vol.%
Argon	Ar	0,934 Vol.%
andere Edelgase	–	0,001 Vol.%
Kohlendioxid	CO_2	0,032 Vol.%
andere Bestandteile	–	0,003 Vol.%

Sauerstoff ist in der Lage, schon in der normalen Konzentration von ca. 21 Vol.% in der Umgebungsluft, an der Verbrennung mitzuwirken. Jede Erhöhung des Sauerstoffgehaltes, z.B. durch Stoffe, die Sauerstoff freisetzen (Peroxide, Nitrate o.Ä.), erhöht die Entzündbarkeit sowie die Verbrennungsgeschwindigkeit und die Brandtemperatur. Sinkt jedoch die Sauerstoffkonzentration in der Umgebungsluft auf weniger als ca. 15 Vol.%, kommen die meisten Brände zum Erliegen.

Tabelle 5: Einfluss des Sauerstoffgehaltes auf die Verbrennung

Sauerstoffkonzentration	Auswirkung
ca. 17 Vol.%	ein Feuerzeug funktioniert nicht mehr
ca. 15 Vol.%	viele Kunststoffe brennen nicht mehr
ca. 14 Vol.%	die meisten Hölzer brennen nicht mehr
ca. 13 Vol.%	Zellulose brennt nur noch sehr schwach
ca. 11 Vol.%	die meisten Stoffe brennen nicht mehr

Hinweis: Brennbare Stoffe verursachen in Gegenwart eines erhöhten Sauerstoffangebotes eine erhebliche Brandgefahr. Deshalb dürfen z.B. Gewinde einer Druckgasflasche mit Sauerstoff als Inhalt nicht eingefettet werden!

2.3 Mengenverhältnis

Die chemische Verbindung zwischen Stoffen vollzieht sich stets nach ganz bestimmten Gesetzmäßigkeiten. Optimale Bedingungen für eine Verbrennung liegen nur dann vor, wenn der brennbare Stoff und der Sauerstoff in einem ganz bestimmten Mengenverhältnis vorliegen.

Ob ein bestimmtes Mengenverhältnis für einen Verbrennungsvorgang ausreichend ist, lässt sich anhand von Explosionsgrenzen und Explosionsbereichen beurteilen.

Bei brennbaren Stoffen wird die Verbrennung im Wesentlichen durch die Gesamtoberfläche des Stoffes, die mit dem Sauerstoff der Umgebungsluft in Kontakt kommt, beeinflusst. Je größer die Gesamtoberfläche im Verhältnis zur Masse eines brennbaren Stoffes ist, umso schneller verläuft die Verbrennung.

Beispiel: *Ein massiver Holzklotz lässt sich nicht ohne weiteres mit einem Feuerzeug entzünden. Wird er jedoch in Holzwolle zerteilt, lässt sich diese problemlos entzünden. Wird der Holzklotz in feinen Holzstaub zerteilt, kann dieser durch eine Zündquelle zu einem explosionsartigen Verbrennen gebracht werden.*

2.3.1 Explosionsbereiche und Explosionsgrenzen

Je besser das richtige Mengenverhältnis getroffen wird, umso schneller verläuft die Verbrennung; je weiter von dem richtigen Mengenverhältnis abgewichen wird, umso langsamer wird die Verbrennung, bis eine Grenze erreicht wird, an der keine Verbrennung mehr stattfindet.

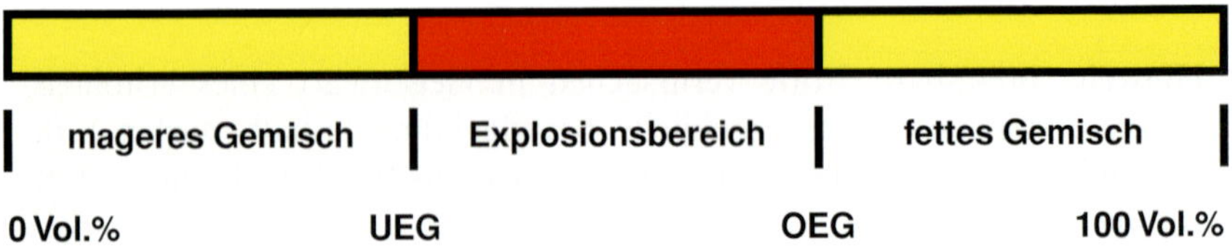

Den Bereich, in dem ein Gemisch aus Gasen, Dämpfen, Nebeln oder Stäuben mit Sauerstoff der Umgebungsluft gezündet werden kann und in dem sich ein Brennen selbständig fortpflanzen kann, nennt man **Explosionsbereich.** Die obere und untere Grenze mit der höchsten bzw. niedrigsten Konzentration eines solchen Gemisches bezeichnet man als **obere Explosionsgrenze** (OEG) und **untere Explosionsgrenze** (UEG).

Tabelle 6: Beispiele für Explosionsbereiche von Gasen und Dämpfen

Stoff	Explosionsbereich
Acetylen	1,5 bis 82,0 Vol.%
Benzin	0,6 bis 8,0 Vol.%
Dieselöl	0,6 bis 6,5 Vol.%
Erdgas	4,0 bis 17,0 Vol.%
Kohlenmonoxid	12,5 bis 75,0 Vol.%
Methanol	5,5 bis 26,5 Vol.%
Propan	2,1 bis 9,5 Vol.%
Wasserstoff	4,0 bis 75,5 Vol.%

2.3.2 Flammpunkt und Brennpunkt

Die brennbaren Flüssigkeiten brennen selbst nicht, sondern nur die durch Verdunstung entstehenden Dämpfe. Wenn noch keine genügende Dampfkonzentration über der Flüssigkeitsoberfläche vorhanden ist, das Mengenverhältnis zwischen brennbarem Stoff und Sauerstoff also noch nicht stimmt, ist auch noch kein Zünden und Brennen möglich.

Hinweis: Der **Flammpunkt** ist die niedrigste Temperatur einer brennbaren Flüssigkeit, bei der sich über der Flüssigkeitsoberfläche gerade soviel Dämpfe entwickeln, dass nach ihrer Zündung ein kurzes Aufflammen des Dampf-Luft-Gemisches erfolgt.

Tabelle 7: Beispiele für Flammpunkte (Durchschnittswerte)

Stoff	Flammpunkt
Aceton	−19 °C
Alkohol	+12 °C
Benzin	−40 °C
Diesel	+55 °C
Olivenöl	+255 °C
Spiritus	+16 °C

Gemäß Gefahrstoffverordnung bzw. Anhang VI der Richtlinie 67/548/EWG werden brennbaren Flüssigkeiten entsprechend ihrem Flammpunkt bestimmte Gefährlichkeitsmerkmale zugeteilt.

Tabelle 8: Einteilung der brennbaren Flüssigkeiten

Gefährlichkeits-merkmal	Eigenschaften	Gefahrensymbol
hochentzündlich	Flüssigkeiten mit einem Flammpunkt unter 0 °C und einem Siedepunkt von höchstens 35 °C	
leichtentzündlich	Flüssigkeiten mit einem Flammpunkt unter 21 °C	
entzündlich	Flüssigkeiten mit einem Flammpunkt von mindestens 21 °C und höchstens 55 °C	

Nach der Verordnung über brennbare Flüssigkeiten (VbF) gab es zwei verschiedene Gefahrklassen für brennbare Flüssigkeiten. Diese Verordnung wurde mit Inkrafttreten der neuen Betriebssicherheitsverordnung (BetrSichV) am 01.01.2003 außer Kraft gesetzt.

	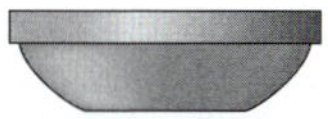
Beim Erreichen des Flammpunktes kommt es zum Entzünden der Dämpfe.	Die Flammen verlöschen jedoch wieder, weil nicht ausreichend brennbarer Stoff (Dämpfe) nachgeliefert wird.

Beim Erreichen des Brennpunktes kommt es zum Entzünden der Dämpfe.	Die Flammen bleiben bestehen, weil ausreichend brennbarer Stoff (Dämpfe) nachgeliefert wird.

Beim Erreichen des Flammpunktes kann die an der Flüssigkeitsoberfläche vorhandene geringe Dampfmenge kurz aufflammen. Die Flamme erlischt jedoch wieder, da die Dämpfe bei dieser Flüssigkeitstemperatur nicht so schnell nachentwickelt werden, dass ein dauerhaftes Brennen erfolgen kann. Hierzu muss die Flüssigkeit erst noch bis zum Brennpunkt erwärmt werden.

Hinweis: Der **Brennpunkt** einer Flüssigkeit ist die Flüssigkeitstemperatur, bei der über einer Flüssigkeitsoberfläche so viel Dämpfe entwickelt werden, dass nach ihrer Zündung ein ständiges Brennen erfolgt.

2.4 Zündtemperatur

Eine Verbrennung wird durch eine Zündung eingeleitet. Die Entzündung tritt ein, wenn ein brennbarer Stoff beim Vorliegen der sonstigen Voraussetzungen auf eine bestimmte Zündtemperatur erwärmt wird. Diese Temperatur ist eine spezifische, stoffeigene Größe.

Tabelle 9: Beispiele für Zündtemperaturen (Durchschnittswerte)

Stoff	Zündtemperatur
Acetylen	330 °C
Benzin	450 °C
Dieselöl	350 °C
Fichtenholz	280 °C
Propan	460 °C
Zeitungspapier	180 °C

Um die Zündtemperatur eines Stoffes zu erreichen, muss jeweils eine entsprechende Wärme aufgebracht werden. Dabei wird zwischen zwei verschiedenen Entzündungsvorgängen unterschieden:

Die **Fremdentzündung** ist eine Entzündung durch eine von außen zugeführte Wärme wie z.B. eine offene Flamme, ein Funken, eine heiße Oberfläche, chemische Reaktionen o. Ä., die zu einer beschleunigten Oxidation führt, die wiederum die Temperatur des Stoffes weiter erhöht und so zum eigentlichen Brennen führt.

Die **Selbstentzündung** ist eine Entzündung durch die eigene Reaktionswärme des brennbaren Stoffes (z.B. feuchtes Heu, ölgetränkte Faserstoffe), der bereits bei normalen Temperaturen langsam oxidiert und bei dem die erzeugte Wärme nicht abgeführt wird. Durch diesen Wärmestau wird die Oxidationsgeschwindigkeit und somit auch die Temperatur des Stoffes immer mehr gesteigert bis eine Zündung erfolgt.

Um die notwendige Wärme aufzubringen, ist nicht immer eine offene Flamme notwendig. Eine Verbrennung kann auch eingeleitet werden durch

- heiße Oberflächen, wie z. B. eine überhitzte Fahrzeugbremse,
- Abreißfunken in einem elektrischen Schalter, wie z. B. in einem Lichtschalter,
- heiße Brandgase, die z. B. bei einem Kellerbrand über den Treppenraum nach oben steigen,
- Funkenflug oder Flugfeuer, der oder das z. B. bei einem Brand eines landwirtschaftlichen Gebäudes entsteht oder
- Wärmestrahlung, die z. B. bei einem großen Gebäudebrand auftritt.

Beim Erreichen der Zündtemperatur ist noch nicht so viel Energie vorhanden, dass ein selbständiges Brennen erfolgen kann. Diese notwendige Energie ist erst vorhanden, wenn die **Mindestverbrennungstemperatur**, die jeweils über der Zündtemperatur liegt, erreicht ist. Bei dieser Temperatur ist eine weitere Energiezufuhr von außen nicht mehr notwendig.

Um bei Bränden einen Löscheffekt durch Abkühlen zu erreichen, ist es nicht erforderlich, das Feuer bis unter die Zündtemperatur des betreffenden Stoffes abzukühlen; es genügt vielmehr schon, wenn die Mindestverbrennungstemperatur des Stoffes unterschritten wird.

2.5 Katalysator

Katalysatoren sind Stoffe, die die notwendige Aktivierungsenergie einer chemischen Reaktion herabsetzen und so die Reaktion begünstigen. Sie beschleunigen oder ermöglichen eine Verbrennung ohne dabei selbst verbraucht zu werden.

Katalysatoren bilden mit einem der Ausgangsstoffe reaktionsfähigere Zwischenverbindungen (Radikale), die dann mit den anderen Stoffen so weiter reagieren, dass die Katalysatoren im Verlauf der gesamten Reaktion wieder zurückgebildet werden.

2.6 Brandverläufe in geschlossenen Räumen

Bei Bränden in Räumen kann noch nicht brennendes Material derart erwärmt werden, dass aus diesem brennbare Gase (Pyrolysegase) austreten, die sich in der Rauchschicht unter der Decke stauen. Wenn sich ausreichende Mengen Pyrolysegase gebildet haben und genügend Sauerstoff vorhanden ist (Überschreiten der unteren Explosionsgrenze) kommt es beim Erreichen der Zündtemperatur zu einem schlagartigen Durchzünden des gesamten Raumes.

Dieser Vorgang wird begünstigt, wenn sich bei zunächst unzureichender Sauerstoffzufuhr die Pyrolysegase beim Öffnen eines Fensters oder einer Tür mit dem Sauerstoff der einströmenden Umgebungsluft vermischen.

Hinweis: Die Durchzündung eines Raumes, verursacht durch den Temperaturanstieg und die Zündung der entstandenen Pyrolysegase, wird auch als **Rauchdurchzündung** oder **flash-over** bezeichnet.

In geschlossenen, gut abgedichteten (Wohn-)Räumen kann es zu Bränden mit unzureichender Sauerstoffzufuhr kommen. Zunächst offene Flammen erlöschen weitgehend. Bei dieser unvollkommenen Verbrennung entstehen große Mengen von Schwelgasen, vor allem das brennbare Kohlenmonoxid. Durch die weiterhin ansteigenden Temperaturen im Raum wird noch nicht brennendes Material erwärmt und bildet Pyrolysegase, die zusammen mit den Schwelgasen ein fettes Gemisch mit zu viel brennbaren Gasen und zu wenig Sauerstoff bilden (Überschreiten der oberen Explosionsgrenze).

Beim Öffnen eines Fensters oder einer Tür verschiebt sich aufgrund des Sauerstoffs der einströmenden Umgebungsluft das zu fette Gemisch in den Explosionsbereich und kann sofort oder nach einigen Minuten explodieren.

Hinweis: Die Durchzündung eines Raumes, verursacht durch das Einströmen von Sauerstoff und das Zünden eines zunächst zu fetten Gas-Luft-Gemisches, wird auch als **Rauchexplosion** oder **backdraft** bezeichnet.

Gesicherte Anzeichen für eine bevorstehende Rauchdurchzündung oder Rauchexplosion gibt es in der Regel nicht. Folgende Punkte sollten jedoch bei Bränden in geschlossenen Räumen beachtet werden:

- **Branddauer:** erst spät entdeckter Brand, ungestörtes Brandgeschehen, Brandherd wird durch dichten Brandrauch nicht sofort gefunden
- **Temperatur:** spürbarer Temperaturanstieg im Brandraum, erwärmte Türblätter oder Fensterscheiben
- **Brandrauch:** dichter dunkler Rauch, beschlagene und verrußte Fensterscheiben, Rauch quillt stoßweise aus Öffnungen und Spalten
- **Flammen:** sichtbar in der Rauchschicht oder an der Grenze zwischen Rauch- und Luftschicht
- **Luftzug:** Luft wird nach Öffnen einer Tür in den Raum gesaugt, Geräusche durch Luft, die durch Öffnungen oder Spalten in den Raum eindringt

Abbildung 2: „Rauchexplosion!" (Foto: firemovie, Offenbach)

2.7 Selbstkontrolle und Testfragen

(Lösungen siehe Seite 68)

1. Welche Voraussetzungen für die Verbrennung müssen gleichzeitig gegeben sein?

a) Brennbarer Stoff, Mengenverhältnis, Zündtemperatur, Katalysator
b) Brennbarer Stoff, Sauerstoff, Mengenverhältnis, Zündtemperatur und Katalysator
c) Brennbarer Stoff, Sauerstoff, Mengenverhältnis und Katalysator
d) Brennbarer Stoff, Sauerstoff, Verbrennungswärme, Zündtemperatur und Katalysator

2. Brände welcher Stoffe werden der Brandklasse A zugeordnet?

a) Brände von Holz, Kohle, Kunststoffe, Papier, Stroh
b) Brände von Holz, Kohle, Kunststoffe, Harz, Papier, Stroh
c) Brände von Holz, Kohle, Erdgas, Kunststoffe, Papier, Textilien
d) Brände von Holz, Kohle, Kunststoffe, Natrium, Papier, Stroh

3. Wie werden Stoffe nach ihrer Brennbarkeit eingeteilt?

a) Selbst brennbare Stoffe
b) Leicht brennbare Stoffe
c) Normal brennbare Stoffe
d) Schwer brennbare Stoffe

4. Bei welchen Sauerstoffkonzentrationen kommen die meisten Brände zum Erlöschen?

a) Bei Sauerstoffkonzentrationen unter 21 Vol.%
b) Bei Sauerstoffkonzentrationen unter 18 Vol.%
c) Bei Sauerstoffkonzentrationen unter 15 Vol.%
d) Bei Sauerstoffkonzentrationen unter 50 Vol.%

3 Löschverfahren

Die Notwendigkeit einer wirksamen und organisierten Brandbekämpfung war der Anlass für die Gründung der ersten Feuerwehren. Diese Notwendigkeit bestand eigentlich schon solange menschliche Gesellschaften existieren. Aber erst die Entwicklung der Technik brachte die Möglichkeiten dazu.

Abbildung 3: „Zur Brandbekämpfung vor!" (Foto: firemovie, Offenbach)

Die Technik, die uns heute zur Verfügung steht, bietet viele Möglichkeiten, sie muss jedoch **planmäßig** und **zielgerichtet** angewendet werden. Eine Voraussetzung dafür ist das Wissen und Können jedes einzelnen Feuerwehrangehörigen.

3.1 Voraussetzungen für das Löschen

Die Verbrennung mit der äußeren, sichtbaren Begleiterscheinung „Flamme" und „Glut" ist eine chemische Reaktion zwischen brennbarem Stoff und Sauerstoff. Beim Löschen kommt es nun darauf an, durch technische und taktische Maßnahmen diesen Vorgang zu stören oder zu unterbrechen. Dies kann dadurch erreicht werden, dass eine oder mehrere Bedingungen der Verbrennung beseitigt werden.

Der brennbare Stoff und der Sauerstoff lassen sich nur schwerlich entfernen. Einfacher ist es, das Mengenverhältnis zwischen dem brennbaren Stoff und dem Sauerstoff sowie die Zündtemperatur zu beeinflussen. Dies geschieht im Wesentlichen durch den Einsatz der Löschmittel.

Hinweis: Löschmittel sind feste, flüssige oder gasförmige Stoffe, die derart in den Verbrennungsvorgang eingreifen, dass sie auf eine oder mehrere Voraussetzungen der Verbrennung einwirken und den Verbrennungsvorgang unterbinden!

3.2 Möglichkeiten des Löschens

Zum Löschen stehen den Einsatzkräften im Wesentlichen vier Möglichkeiten zur Unterbrechung der Verbrennung zur Wahl. Diese Möglichkeiten können einzeln oder auch gleichzeitig nebeneinander angewendet werden.

Maßgebend für die Auswahl des Löschmittels ist das Brandverhalten der brennenden Stoffe. Es gilt die Regel: Glutbrände werden gekühlt – Flammenbrände werden erstickt!

Unterbrechung der Verbrennung

Abkühlen	Ersticken	Störung der Verbrennungs-reaktion	Entfernen brennbarer Gegenstände

3.3 Löschen durch Abkühlen

Gemäß DIN 14011-2 ist Abkühlen ein Löschverfahren

> „... bei dem den brennenden Stoffen durch das Löschmittel oder durch andere Maßnahmen die zur Aufrechterhaltung der Verbrennung erforderliche Wärme entzogen wird.“

Löschen durch Abkühlen erfolgt im Wesentlichen mit Wasser oder Netzmittelwasser. Das Netzmittelwasser dringt auch in wasserabweisende Stoffe ein, bei denen normales Wasser an der Oberfläche ablaufen würde. Der Einsatz dieser Löschmittel erfolgt hauptsächlich bei Bränden der Brandklasse A.

3.3.1 Löscheffekt

Eine Verbrennung kann nur dann entstehen und fortbestehen, wenn eine bestimmte Mindestverbrennungstemperatur besteht. Durch das Abkühlen wird Wärme aus der Reaktionszone entzogen und die Verbrennungstemperatur und somit auch die Oxidationsgeschwindigkeit herabgesenkt.

Von allen Löschmitteln bewirkt Wasser, aufgrund seines großen Wärmebindungsvermögens beim Erwärmen und ganz besonders beim Verdampfen, die stärkste Kühlwirkung.

3.3.2 Einsatzmaßnahmen

Wasser wird in Form von Sprühstrahl oder als Vollstrahl eingesetzt. Der Löschstrahl ist möglichst immer in die Glut zu richten. Wasser, das in Flammen oder Rauch gespritzt wird, kann zwar die gefährlichen Rauchdurchzündungen verhindern, erzielt aber keine unmittelbare Löschwirkung.

Die Glut ist oftmals nicht immer gleich zu erkennen. Lüftungsmaßnahmen können dann zu einer Verbesserung der Sichtverhältnisse und zum sichtbaren Aufflammen des Brandes führen. Die Glut kann auch durch Bauteile, die im Brandverlauf umgefallen oder heruntergefallen sind, verdeckt werden. Solche Teile müssen weggeräumt werden, um löschwirksam an die Glut zu gelangen. Kann die Glut mit dem Wasserstrahl nicht erreicht werden, weil z.B. der direkte Zugang nicht möglich ist, kann der Wasserstrahl auch auf Decken oder Wände gerichtet werden, von wo er zerteilt zurückgeworfen wird.

3.4 Löschen durch Ersticken

Gemäß DIN 14011-2 ist Ersticken ein Löschverfahren

> „... bei dem die Verbrennung durch Verändern des Mengenverhältnisses zwischen brennbarem Stoff und Sauerstoff unterbunden wird.“

Löschen durch Ersticken kann erreicht werden durch:

- **Verdünnen** (Herabsetzen der Sauerstoffkonzentration)
- **Abmagern** (Drosseln der weiteren Zufuhr von brennbaren Stoffen)
- **Trennen** (Trennen von Sauerstoff und brennbarem Stoff)

Löschen durch Ersticken erfolgt im Wesentlichen mit Schaum und Kohlendioxid. Diese Löschmittel werden vor allen Dingen bei Bränden der Brandklasse B und C eingesetzt. Dabei ist immer die Gefahr von Rückzündungen zu beachten, da die beteiligten Stoffe sich nach dem Ersticken der Flammen nur langsam abkühlen.

3.4.1 Löscheffekt

Beim Ersticken kommt es wesentlich darauf an, die Konzentration des Sauerstoffs in der Umgebungsluft im Bereich der Verbrennungszone unter die für die Mehrzahl aller brennbaren Stoffe erforderliche Konzentration von ca. 15 % zu senken, um die Zufuhr von Umgebungsluft (und somit von Sauerstoff) zu behindern.

Das **Verdünnen** wird durch die Verminderung des Sauerstoffes durch Zumischung eines Löschmittels erreicht. Das Verdünnen des Gemisches von brennbaren Gasen oder Dämpfen und dem Sauerstoff der Umgebungsluft wird vor allem durch gasförmige Löschmittel wie z. B. Kohlendioxid erreicht.

Das **Abmagern** wird durch das Kühlen von Flüssigkeiten durch Anwendung oder Zumischung eines Löschmittels erreicht. Die Konzentration der an der Oberfläche einer brennbaren Flüssigkeit austretenden Dämpfe ist von der Temperatur der Flüssigkeit abhängig. Wird die Temperatur einer Flüssigkeit unter ihren Flammpunkt herabgesetzt, werden die Dämpfe so weit „abgemagert", dass das Feuer erstickt. Dies geschieht z.B. durch Zumischung von Wasser in Flüssigkeiten die mit Wasser mischbar sind (z.B. Alkohol).

Das **Trennen** wird durch Unterbrechung der Verbindung zwischen brennbarem Stoff und Sauerstoff erreicht. So ist es u.U. möglich, den Austritt von brennenden Gasen oder Dämpfen aus Leitungen oder Druckbehältern durch Schließen von Absperrvorrichtungen zu unterbinden und somit brennbaren Stoff und Sauerstoff zu trennen. Darüber hinaus kann auch ein Löschmittel (z.B. Schaum) auf den brennbaren Stoff aufgebracht werden und dieser somit vom Sauerstoff getrennt werden.

3.4.2 Einsatzmaßnahmen

Der Einsatz von **Kohlendioxid** bringt nur dann einen Löscherfolg, wenn es schlagartig auf die gesamte vom Brand erfasste Fläche einwirken kann. Dazu muss aber eine dem Ausmaß des Brandes entsprechende Löschmittelmenge vorhanden sein.

Zu Beginn eines Einsatzes von **Schaum** tritt aus dem Schaumstrahlrohr zuerst nur Wasser aus. Das Strahlrohr wird deshalb so lange neben den Brandherd gerichtet, bis Schaum mit der erforderlichen Beschaffenheit austritt. Zur Bekämpfung von Flüssigkeitsbränden muss eine geschlossene Schaumdecke erzeugt werden. Dies gestaltet sich u.U. schwierig, wenn Bauteile oder Gegenstände aus der brennenden Flüssigkeit herausragen.

Häufig werden neben dem Einsatz von Schaumstrahlrohren auch Strahlrohre zum Kühlen eingesetzt. Dabei ist zu beachten, dass mit dem Wasserstrahl nicht die Schaumdecke beseitigt oder zerstört wird und es so zu einem erneuten Aufflammen der brennbaren Flüssigkeit kommt.

Bei Bränden mit geringem Ausmaß leisten gegebenenfalls auch **Löschdecken** gute Dienste. Sie sind auch geeignet um brennende Personen abzulöschen und somit zu retten.

3.5 Löschen durch Störung der Verbrennungsreaktionen

Gemäß DIN 14011-2 beruht die reaktionshemmende Löschwirkung darauf

„... dass die für die Verbrennung mit Flamme notwendigen Radikale durch Rekombination unwirksam gemacht werden.“

3.5.1 Löscheffekt

Bevor ein brennbarer Stoff bei einer Verbrennung in die Endprodukte der Verbrennung umgewandelt wird, bilden sich reaktionsfähige Zwischenverbindungen, die dann ihrerseits in einer Kettenreaktion weiter reagieren und so die Verbrennung aufrechterhalten. Wird dieser Vorgang durch das Aufbringen sogenannter Inhibitoren (z.B. Löschpulver) unterbrochen, kommt die Verbrennung zum Erliegen.

Das Löschen erfolgt im Wesentlichen mit Löschpulver und zwar durch einen Energieentzug oder eine chemische Bindung der für die Fortsetzung der Verbrennung wesentlichen Zwischenprodukte.

3.5.2 Einsatzmaßnahmen

Damit die Störung der Verbrennungsreaktion besonders wirksam ist, muss Löschpulver möglichst als Pulverwolke auf das Brandobjekt aufgetragen werden. Damit man eine solche umfangreiche Löschpulverwolke erzielen kann, muss man das Löschpulver mit dem Wind im Rücken und unter genügend Abstand „fächerförmig" einsetzen.

3.6 Löschen durch Entfernen von Gegenständen

Unter Entfernen ist hierbei vor allen Dingen das Wegräumen von brennbaren Gegenständen aus der Gefahrenzone zu verstehen. Dadurch wird die Ausbreitung des Brandes verhindert. Sind keine brennbaren Stoffe mehr in der Nähe des Feuers, geht dieses von selbst aus.

- **Dies ist sicher kein Löschen im eigentlichen Sinne, aber letztlich auch ein Unterbinden einer Verbrennung!**

Besondere Aufmerksamkeit bei der Restablöschung erfordert der Brandschutt. Dort sind oft Glutnester verborgen, die sich über längere Zeit halten und ein erneutes Aufflammen des Brandes bewirken können. Ohne den Brandsachverständigen jede Chance für die Ermittlung der Brandursache zu nehmen, muss sichergestellt werden, dass alle Glutnester im Brandschutt beseitigt werden. Dazu muss der Brandschutt auseinander gezogen und notfalls mit Schaufeln und Mulden abgetragen werden.

3.7 Selbstkontrolle und Testfragen

(Lösungen siehe Seite 68)

1. Welche Regel ist bei der Auswahl der Löschmittel zu beachten?

a) Glut- und Flammenbrände werden gekühlt.
b) Glut- und Flammenbrände werden erstickt.
c) Glutbrände werden gekühlt und Flammenbrände erstickt.
d) Glutbrände werden erstickt und Flammenbrände gekühlt.

2. Welche Möglichkeiten zur Unterbrechung der Verbrennung stehen den Einsatzkräften zur Verfügung?

a) Unterbrechung durch Abkühlung
b) Unterbrechung durch Ersticken
c) Unterbrechung durch Störung der Verbrennungsreaktion
d) Unterbrechung durch Entfernen brennbarer Gegenstände

3. Welche Verbindung wird beim Löschverfahren Trennen unterbrochen?

a) Die Verbindung zwischen brennbarem Stoff und Katalysator
b) Die Verbindung zwischen brennbarem Stoff und Zündtemperatur
c) Die Verbindung zwischen brennbarem Stoff und Sauerstoff
d) Die Verbindung zwischen Sauerstoff und Katalysator

4. Mit welchen Löschmitteln oder Gegenständen kann ein Feuer erstickt werden?

a) Durch Kohlendioxid
b) Durch Wasser
c) Durch einen Überdrucklüfter
d) Durch eine Löschdecke

4 Löschmittel

Löschmittel sind feste, flüssige oder gasförmige Stoffe, die dazu geeignet sind, einen Verbrennungsvorgang zu unterbrechen. Durch eine gezielte Anwendung der Löschmittel wird versucht, eine oder mehrere Voraussetzungen der Verbrennung zu stören, um letztlich die Verbrennung abzubrechen.

Tabelle 10: Löschmittel und ihre Löschwirkung

Löschmittel	Hauptlöschwirkung
Wasser	Abkühlen
Schaum	Ersticken
Pulver	Reaktion hemmen
Kohlendioxid	Ersticken
sonstige Löschmittel	verschiedene Wirkungen

Ein Universal-Löschmittel, das für alle Brände gleichermaßen geeignet ist, gibt es nicht. Vielmehr muss in Abhängigkeit vom brennbaren Stoff das für den jeweiligen Einsatzfall zweckmäßigste Löschmittel ausgewählt werden.

Dabei sind neben der besten Löschwirkung auch die Verfügbarkeit der Löschmittel und die u. U. auftretenden Nebenwirkungen zu berücksichtigen.

4.1 Wasser

Wasser ist das am häufigsten eingesetzte Löschmittel, das gegenüber den anderen Löschmitteln zahlreiche und wesentliche Vorteile bietet.

Wasser ist leicht zu beschaffen, relativ kostengünstig, läßt sich vergleichsweise einfach – auch über größere Entfernungen – transportieren und hat in vielen Bereichen eine besonders gute Löschwirkung.

4.1.1 Eigenschaften

Wasser ist eine durchsichtige, geruchs- und geschmackslose, chemisch neutrale, ungiftige und elektrisch leitfähige Flüssigkeit. Es hat neben einer hohen spezifischen Wärmekapazität auch eine hohe Verdampfungswärme. Die spezifische Wärmekapazität ist die Wärmemenge, die 1 Kilogramm Wasser zur Erwärmung um 1 °C aufnehmen muss. Die Verdampfungswärme ist die Wärmemenge, die erforderlich ist, um erwärmtes „flüssiges" Wasser in „gasförmigen" Wasserdampf umzuwandeln.

Tabelle 11: Chemische und physikalische Eigenschaften des Wassers

Chemische Formel	H_2O
Gefrierpunkt	0 °C (bei 1013 hPa)
Siedepunkt	100 °C (bei 1013 hPa)
Dichte	1 g cm^{-3} (bei +4 °C)
spezifische Wärmekapazität	4,2 kJ/kg K
Verdampfungswärme	2260 kJ/kg

4.1.2 Löschwirkung

Die Hauptlöschwirkung des Wassers besteht in der Abkühlung. Darüber hinaus hat Wasser auch eine gewisse erstickende Wirkung (Wasserdampf) und abmagernde Wirkung (Vermischen mit bestimmten brennbaren Flüssigkeiten). Durch das große Wärmebindungsvermögen des Wassers kann ein großer Teil der Wärmeenergie aus der Verbrennungszone abgeführt werden, das Wasser erwärmt sich oder verdampft. Dadurch wird der brennbare Stoff in der Verbrennungszone unter die Mindestverbrennungstemperatur abgekühlt.

Hinweis: Bei der Erwärmung des Wassers von 10 °C (durchschnittliche Löschwassertemperatur) auf 100 °C werden pro Kilogramm 378 kJ gebunden. Um 100 °C warmes Wasser in 100 °C warmen Wasserdampf umzuwandeln, werden dann pro Kilogramm weitere 2260 kJ gebunden.

Die größte Wärmebindung und somit auch die größte Löschwirkung besteht beim Verdampfen des Wassers. Für eine wirksame Abkühlung der Verbrennungszone ist es deshalb erforderlich, das Wasser in möglichst fein verteilter Tröpfchenform (= große Oberfläche und schnelles Verdampfen) anzuwenden.

4.1.3 Einsatzformen

Das Löschmittel Wasser wird mit genormten Strahlrohren, fahrbaren Wasserwerfern, Kübelspritzen oder tragbaren Feuerlöschern in Form von Sprühstrahl, Vollstrahl oder Nebelstrahl in die Verbrennungszonen eingebracht.

Durch die feine Zerteilung eines **Sprühstrahls** entstehen viele kleine Wassertropfen mit einer entsprechend großen Oberfläche. Diese Wassertropfen können schnell verdampfen ehe sie auf eine feste Oberfläche auftreten und abfließen. Sie binden so eine große Wärmemenge und entziehen der Verbrennungszone sehr viel Wärme.

Mit einem Sprühstrahl kann eine große Fläche abgedeckt und so ein schneller Löscherfolg erzielt werden, was letztlich zu einer Verringerung des Wasserschadens führt. Durch die geringe Auftreffwucht eignet sich der Sprühstrahl auch für Einsätze, bei denen kein Brandgut aufgewirbelt werden darf, wie z.B. Staubbrände. Zum Niederschlagen von Gasen oder Dämpfen kann ein Sprühstrahl aufgrund seiner feinen Zerteilung ebenfalls angewandt werden.

Der **Vollstrahl** wird nur angewendet, um größere Wurfweiten, eine größere mechanische Wirkung oder eine größere Eindringtiefe zu erreichen. Er kann angewendet werden, wenn Einsatzkräfte einen größeren Abstand zum Objekt einhalten müssen, z.B. bei Gefährdung durch Wärmestrahlung oder einstürzende Bauteile, oder wenn eine gezielte Löschwirkung an einem bestimmten Punkt erreicht werden muss.

Seine große Auftreffwucht ermöglicht das tiefe Eindringen in Glutnester u.Ä. Wird diese Wirkung nicht benötigt, ist aufgrund der besseren Löschwirkung und zur Vermeidung von unnötigen Wasserschäden ein Sprühstrahl vorzuziehen.

Abbildung 4: Sprühstrahl – Vollstrahl – Nebelstrahl (Fotos: Lembeck; aus: Cimolino et al., Atemschutz 4. Auflage, Landsberg 2004)

Mit Hohlstrahlrohren oder speziellen nicht genormten Strahlrohren lässt sich ein sehr feinzerstäubter Sprühstrahl erzeugen, der als **Nebelstrahl** bezeichnet wird. Mit diesem Strahl kann mit einer geringen Wassermenge eine besondere Kühlwirkung erzielt werden. Dies ist besonders bei der Bekämpfung von Rauchdurchzündungen von Bedeutung.

Aufgrund der nur geringen Reichweite des Nebelstrahls ist er besonders bei Bränden in Gebäuden anwendbar; dabei ist aber die mögliche Verbrühungsgefahr durch das schnell verdampfende Wasser zu beachten. Geeignete spezielle Schutzkleidung ist für diese Einsätze unverzichtbar.

4.1.4 Anwendungsmöglichkeiten und -grenzen

Trotz erheblicher Vorteile kann durch den Einsatz von Wasser aber auch weiterer Schaden entstehen. Bei manchen Einsätzen liegt der entstandene Wasserschaden sogar über den eigentlichen Brandschäden. Darüber hinaus gibt es aber auch Einsätze, bei denen Wasser überhaupt nicht oder nur bedingt eingesetzt werden kann.

Obwohl Wasser elektrisch leitend ist, darf es zur Brandbekämpfung in elektrischen Anlagen eingesetzt werden. Da der Wasserstrahl sich nach einer gewissen Entfernung in einzelne Tröpfchen auflöst, die keinen Kontakt miteinander haben, kann es hier zu keinem Stromrückfluss kommen. Ist **nicht bekannt,** welche Spannungen in der Anlage anstehen, kann Wasser eingesetzt werden, wenn zwischen Strahlrohr und unter Spannung stehenden Anlagenteilen bestimmte Sicherheitsabstände nicht unterschritten werden.

Tabelle 12: Sicherheitsabstände beim Einsatz von Löschwasser

	Nieder-spannung	Hoch-spannung	Hinweis
Sprühstrahl	1 m	5 m	Die Abstände gelten bei Verwendung eines genormten CM-Strahlrohres mit 12 mm Düsendurchmesser bei einem Strahlrohrdruck von 5 bar.
Vollstrahl	5 m	10 m	
Merkregel	**N – 1–5**	**H – 5–10**	

Vorteile des Löschmittels Wasser

- hat eine große spezifische Wärmekapazität und eine hohe Verdampfungswärme
- ist geruchs- und geschmackslos, chemisch neutral und ungiftig
- lässt sich mittels Pumpen und Schläuchen über größere Entfernungen und Höhen transportieren
- hat eine hohe Dichte, die eine große Wurfweite und -höhe und Auftreffwucht ermöglicht

Nachteile des Löschmittels Wasser

- gefriert bei 0 °C, dehnt sich dabei aus und kann zu Beschädigungen von Ausrüstungen führen
- reagiert heftig mit bestimmten chemischen Substanzen, wie z. B. Calciumcarbid (Bildung von Acetylen)
- reagiert heftig mit brennenden Metallen wie z. B. Magnesium (Bildung von Knallgas)
- reagiert heftig mit Säuren oder Laugen wie z. B. Schwefelsäure (große Wärmeentwicklung)
- führt bei hohen Temperaturen zu schlagartigem Verdampfen und so zu Sichtbehinderungen und Verbrühungen bei Einsatzkräften
- führt bei hohen Temperaturen zu schlagartigem Verdampfen (1 l Wasser ergibt ca. 1700 l Wasserdampf) und so zu einem Druckanstieg im Brandraum wie z. B. bei Schornsteinbränden
- ist elektrisch leitfähig und kann so die Einsatzkräfte gefährden
- kann in Behälter mit brennender Flüssigkeit eindringen, dort schlagartig verdampfen und so die Flüssigkeit fein verteilt herausschleudern (Fettexplosion)
- kann staubförmige Stoffe aufwirbeln und so zu Staubexplosionen führen

4.2 Schaum

Schaum besteht aus einer innigen Durchmischung von Wasser, Schaummittel und Luft. An der Einsatzstelle wird dem Löschwasserstrom in einem Zumischer ein bestimmter Anteil Schaummittel zugemischt.

Dieses Wasser-Schaummittel-Gemisch wird dann im Schaumstrahlrohr mit Umgebungsluft verwirbelt, so dass dann aus dem Schaumstrahlrohr der eigentliche Löschschaum austreten kann. Der so erzeugte Schaum wird auch als Luftschaum bezeichnet.

Abbildung 5: Erzeugung des Löschmittels Schaum (modifizierte Grafik nach DE VRIES, H.: Brandbekämpfung mit Wasser und Schaum, Landsberg 2000)

4.2.1 Zusammensetzung

Für die Erzeugung von Schaum werden neben den entsprechenden Gerätschaften und Wasser spezielle Schaummittel in Form von Flüssigkeitskonzentraten benötigt.

Mit synthetischen **Mehrbereichsschaummitteln,** die den waschaktiven Substanzen (Tenside) von Waschmitteln entsprechen, lassen sich Schwer-, Mittel- und Leichtschaum erzeugen. Sie sind die am häufigsten verwendeten Schaummittel.

Proteinschaummittel, die aus wasserlöslichen Eiweiß-Produkten bestehen, können für die Erzeugung von Schwerschaum eingesetzt werden. Sie erzeugen Schaum mit einem hohen Abbrandwiderstand und einer hohen Schaumstabilität, besitzen aber nur eine begrenzte Lagerfähigkeit.

Die Proteinschaummittel können durch Zusatz von fluorhaltigen Substanzen in ihren Eigenschaften verbessert werden. Diese **Fluorproteinschaummittel** haben eine bessere Fließfähigkeit und auch eine höhere Beständigkeit gegenüber den sonst schaumzerstörenden Kohlenwasserstoffen und werden deshalb bevorzugt bei Bränden dieser Flüssigkeiten eingesetzt.

Bei **AFFF** (engl. aqueosus film forming foam = wasserfilmbildender Schaum) handelt es sich um ein synthetisches, fluorhaltiges Schaummittel mit einer großen Fließfähigkeit. Bei Einsatz dieses Schaummittels bildet sich auf der Oberfläche der brennenden Flüssigkeit eine dampfdichte Filmschicht, die auch nach dem Zerstören der Schaumschicht erhalten bleibt. Diese Filmschicht verhindert den Austritt brennbarer Dämpfe aus der Flüssigkeit.

Hinweis: Die verschiedenen Schaummittelarten dürfen untereinander nicht vermischt werden!

Die Schaummittel werden dem Wasser in Mengen von 1 % bis 6 % zugemischt. Die Zumischung ist verantwortlich für die Stabilität des Schaumes. Die Qualität des Schaumes ist aber auch von der Temperatur des Wassers, vom Druck am Schaumstrahlrohr und der Länge des Schlauches zwischen Zumischer und Schaumstrahlrohr abhängig.

4.2.2 Löschwirkung

Schaum ist in der Lage, aufgrund seines geringen spezifischen Gewichtes auf der Oberfläche des Brandgutes eine Sperrschicht zu bilden, die bei brennenden Stoffen den Austritt von Dämpfen in die Verbrennungszone verhindert und so das Feuer durch Trennen erstickt.

Außerdem behindert der aufgebrachte Schaum den Zutritt von Sauerstoff in die Verbrennungszone und erstickt das Feuer. Durch seinen Wasseranteil hat Schaum in geringem Umfang auch eine abkühlende Wirkung.

4.2.3 Einsatzformen

Je nachdem, ob das Wasser-Schaummittel-Gemisch mit einer hohen oder niedrigen Luftmenge vermischt wird, erreicht man eine hohe oder niedrige Verschäumung. Die Verschäumungszahl VZ gibt an, um das Wievielfache sich das Wasser-Schaummittel-Gemisch durch die Vermischung mit Luft vergrößert. Sie wird durch die Konstruktion des Schaumstrahlrohres bestimmt. Man unterscheidet folgende Arten von Löschschaum:

Tabelle 13: Schaumarten

Schaumart	Verschäumung
Schwerschaum	4-fach bis 20-fach
Mittelschaum	21-fach bis 200-fach
Leichtschaum	201-fach bis 1000-fach

4.2.4 Anwendungsmöglichkeiten und -grenzen

Das Einsatzgebiet von Schaum liegt bei allen Arten von Flüssigkeitsbränden. Darüber hinaus kann er auch zum Löschen fester glutbildender Stoffe eingesetzt werden. Welche Schaumart im Brandfall am zweckmäßigsten ist, hängt nicht nur von der Art und Menge der brennenden Stoffe, sondern auch von den äußeren Umständen (räumliche Situation o.Ä.) des Einsatzes ab.

Für die Bekämpfung von Bränden fester glutbildender Stoffe, z.B. Holz, Stroh o.Ä., und von Bränden flüssiger Stoffe, z.B. Benzin, Öl, Teer o.Ä., wird vor allen Dingen **Schwerschaum** eingesetzt. Aufgrund seiner Zusammensetzung können große Wurfweiten erzielt werden. Der Schwerschaum hat aufgrund seines Wasseranteils auch eine gewisse abkühlende Wirkung.

Mittelschaum kann vor allen Dingen zum Beschäumen großer Flächen bei Flüssigkeitsbränden eingesetzt werden, in besonderen Fällen auch zum Füllen und Fluten von Räumen. Die geringe Dichte des Mittelschaumes ermöglicht es, dicke Schaumschichten „aufzubauen" und damit auch sperrige Gegenstände abzudecken.

Bei auslaufenden, noch nicht brennenden Flüssigkeiten kann Mittelschaum aufgetragen werden, um der Gefahr einer möglichen Zündung der austretenden Dämpfe vorzubeugen.

Leichtschaum wird vorwiegend für das Füllen und Fluten von großen Räumen, Hallen u. Ä. bei Bränden der Brandklassen A und B verwendet. Brände in verqualmten, schwer zugänglichen Bereichen wie Kellerräume o. Ä. lassen sich mit Leichtschaum eindämmen und löschen.

Tabelle 14: Bestandteile des Schaumes in Vol.%

Schaumart	Bestandteile in Vol.%			
	bei VZ	Wasser	Schaummittel	Luft
Schwerschaum	15	6,400	0,300	93,30
Mittelschaum	75	1,300	0,050	98,65
Leichtschaum	1000	0,096	0,004	99,90

Beim Einsatz des Löschmittels Schaum ist es wichtig, eine geschlossene Schaumschicht auf das Brandobjekt aufzutragen. Daher muss vor dem Einsatz geprüft werden, ob die mitgeführte Schaummittelmenge für den Einsatzzweck ausreicht. So lange nicht genügend Schaummittel bereitstehen, sollte nicht mit dem Schaumangriff begonnen werden.

Hinweis: Beim Schaumeinsatz ist der Schaumverlust infolge direkter Brandeinwirkung, erwärmter Oberflächen oder Wärmestrahlung zu beachten. Die Zerstörungsraten bis zu 50 % müssen durch das Aufbringen entsprechender Schaummengen ausgeglichen werden.

Vorteile des Löschmittels Schaum
• gute Löschwirkung bei Bränden von Flüssigkeiten
• dringt aufgrund seines geringen spezifischen Gewichtes nicht in Flüssigkeiten ein
• hat neben einer erstickenden Wirkung auch eine geringe abkühlende Wirkung
• ist leicht beweglich, fließt gegebenenfalls um Hindernisse
• ist in der Lage auch unzugängliche Räume zu fluten

Nachteile des Löschmittels Schaum
• ist durchgehend elektrisch leitfähig und darf deshalb bei Bränden in elektrischen Anlagen nicht eingesetzt werden
• verdeckt Hindernisse, Stolperfallen und Vertiefungen
• kann zu erheblichen Verschmutzungen von Einrichtungsgegenständen, Lagergut o. Ä. führen
• kann bei unsachgemäßer Anwendung zu Wassergefährdungen in Wasserschutzgebieten führen
• Leicht- und Mittelschaum kann durch Wind oder Thermik fortgetragen werden.

4.2.5 Schaummittel für Brände der Brandklasse F

Pflanzliche oder tierische Fette und Öle gehören eigentlich der Brandklasse B an, jedoch werden Brände von Speisefetten und -ölen in Frittier- und Fettbackgeräten und anderen Kücheneinrichtungen und -geräten wegen ihrer besonderen Gefahren und Eigenheiten der neu eingeführten Brandklasse F zugerechnet.

Besonders problematisch sind diese Brände deshalb, weil die Anwendung des Löschmittels Wasser (und auch Schaum) zwangsläufig zu einer so genannten „Fettexplosion“ führt.

Da brennendes Fett oder Öl bei seiner Entzündung mehrere 100 °C heiß ist, verdampft zugegebenes Wasser schlagartig. Weil das Wasser jedoch einige Sekundenbruchteile benötigt, um im heißen Fett zu verdampfen, sinkt es vorher noch in diesem ab. Durch die schlagartige Verdampfung des Wassers wird dann das brennende Fett aus dem Behälter gerissen, in feine Tröpfchen verteilt, die dann explosionsartig verbrennen.

Auch Löschpulver oder Kohlendioxid lassen sich nicht sinnvoll verwenden, da nach Abnahme der Löschmittelkonzentration das Fett oder Öl meist wieder Feuer fängt; vom Löschmittelschaden durch das Löschpulver einmal ganz abgesehen.

Seit einiger Zeit gibt es deshalb tragbare Feuerlöscher, die mit einem speziellen Schaummittel gefüllt sind und über eine besondere Löschdüse verfügen; die Eignung für Fettbrände ist auf dem Löscher angegeben.

Bei Speiseöl- oder Fettbränden bildet dieses spezielle Schaummittel eine dichte Sperrschicht über dem Fett oder Öl und unterbindet so die Sauerstoffzufuhr. Gleichzeitig kühlt das Schaummittel das Brandgut unter die Entzündungstemperatur ab und verhindert so ein erneutes Aufflackern des Brandes.

4.2.6 Druckluftschaum

Bei Druckluftschaumanlagen (engl. compressed air foam systems = CAFS) wird ein Wasser-Schaummittel-Gemisch durch Mischung mit Druckluft verschäumt und so ein Löschschaum erzeugt. Im Gegensatz zum herkömmlichen Luftschaumverfahren, bei dem die angesaugte Umgebungsluft am Schaumstrahlrohr mit dem Wasser-Schaummittel-Gemisch verschäumt wird, erzeugt bei den Druckluftschaumanlagen ein Luftkompressor die zur Verschäumung notwendige Luft.

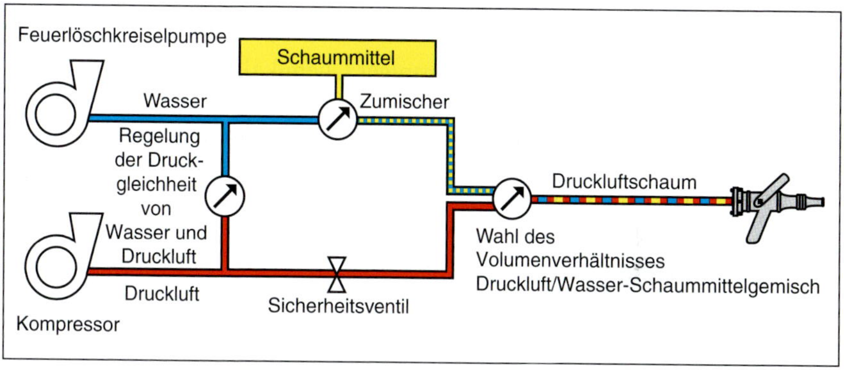

Abbildung 6: Grundsätzlicher Aufbau einer Druckluftschaumanlage (modifizierte Grafik nach DE VRIES, H.: Brandbekämpfung mit Wasser und Schaum, Landsberg 2000)

In den B- oder C-Schlauchleitungen wird dann ein Gemisch aus Wasser, Schaummittel und Luft in verdichteter Form bis zur Strahlrohrdüse gefördert. Dieses Gemisch dehnt sich beim Austritt aus der Düse aus und ergibt einen mit Schwerschaum vergleichbaren Schaum.

Der Schaum ist, je nach verwendetem Schaummittel, für Brände der Brandklasse A oder B einsetzbar. Für die Schaumabgabe wird kein spezielles Schaumrohr benötigt, es können einfache Rundstrahlrohre, herkömmliche C- oder B-Strahlrohre und auch Hohlstrahlrohre verwendet werden.

Der Vorteil von Druckluftschaum liegt in der gegenüber Wasser höheren Wirksamkeit bei der Brandbekämpfung, d.h. weniger Löschwasser, schnelles Ablöschen und der großen Wurfweite des austretenden Schaumstrahls. Dem gegenüber stehen ein sehr hoher technischer Aufwand für die Druckluftschaumanlage und die damit verbundenen Kosten.

4.3 Löschpulver

Löschpulver ist ein Gemenge pulverförmiger Chemikalien, mit denen Brände fester, glutbildender Stoffe, Brände gasförmiger Stoffe oder Brände von Flüssigkeiten gelöscht werden können. Die Wirksamkeit des Löschmittels Pulver ist von seiner chemischen Zusammensetzung und seinen physikalischen Eigenschaften abhängig.

4.3.1 Zusammensetzung

Die Löschpulver werden entsprechend ihrer Eignung zum Löschen von Bränden der verschiedenen Brandklasse eingeteilt und bezeichnet:

- **BC-Löschpulver,** z.B. aus Natriumhydrogencarbonat, das u.a. in der Lebensmitteltechnik als Bestandteil von Backpulver verwendet wird
- **ABC-Löschpulver,** z.B. aus Ammoniumsulfat, das in der Landtechnik u.a. als Bestandteil von Düngemitteln verwendet wird
- **D-Löschpulver,** z.B. aus Natriumchlorid (= Kochsalz), das u.a. als Speisesalz, Streusalz oder Regeneriersalz verwendet wird

Durch eine sehr geringe Korngröße wird eine sehr große Oberfläche des Pulvers erreicht, die für die Löschwirksamkeit ausschlaggebend ist. Die Zusätze sind erforderlich, um die Löschpulver feuchtigkeitsunempfindlich und rieselfähig zu machen.

4.3.2 Löschwirkung

Die Löschwirkung des Pulvers beruht im Wesentlichen auf der Störung der Verbrennungsreaktion durch eine chemische Bindung der für die Fortsetzung der Verbrennung wesentlichen Zwischenprodukte (reaktionshemmender Löscheffekt). Die Zwischenprodukte der Verbrennungsreaktion werden dem weiteren Reaktionsgeschehen entzogen. Damit bricht die Kettenreaktion der Verbrennung schlagartig ab.

Hinweis: Löschpulver kommt erst dann zu seiner vollen Wirkung, wenn es in Form einer dichten Wolke in die Flammenzone eingebracht wird.

4.3.3 Anwendungsmöglichkeiten und -grenzen

Löschpulver wird von den Feuerwehren vornehmlich mit tragbaren oder fahrbaren Feuerlöschern oder mit Löschanlagen, die in speziellen Feuerwehrfahrzeugen eingebaut sind oder auf Anhängefahrzeugen (PG 250) mitgeführt werden, eingesetzt. Als Treibmittel wird Pressluft, Stickstoff oder Kohlendioxid verwendet.

Mit **ABC-Löschpulver** können nicht nur Brände fester glutbildender Stoffe und bedingt auch Brände von Metallen gelöscht werden, sondern ebenso Brände von Gasen oder Flüssigkeiten. Es hat neben seiner typischen reaktionshemmenden Löschwirkung gegenüber Flammenbränden auch eine erstickende Löschwirkung bei Bränden fester glutbildender Stoffe.

Das in der Brandwärme schmelzende Löschpulver bildet eine glasige luftabschließende Schmelze, die die Poren der festen Stoffe abdeckt oder abdichtet und so den Gasaustritt unterbindet und den Zutritt von Sauerstoff in die Verbrennungszone erschwert.

Hinweis: Aufgrund der Eignung des Löschpulvers für Brände der Brandklassen A, B und C werden auf Feuerwehrfahrzeugen tragbare Feuerlöscher nur mit ABC-Löschpulver mitgeführt.

Wird **BC-Löschpulver** in ausreichender Menge und günstiger Verteilung in Flammen eingebracht, kommt es zu einer fast schlagartigen Störung der Verbrennungsreaktionen und zum Erlöschen des Feuers. Es ist deshalb besonders für Brände von Gasen und Flüssigkeiten geeignet.

Um eine optimale Löschwirkung des BC-Löschpulvers zu erzielen, ist es erforderlich, eine in die Flammen eindringende und diese umhüllende Pulverwolke zu erzeugen, die solange aufgebaut bleiben muss, bis die

Flammen vollkommen erloschen sind. Dabei muss bedacht werden, dass es durch stark erwärmte Gegenstände zu Rückzündungen kommen kann.

Die Zusammensetzung der **D-Löschpulver** ist unterschiedlich. Sie gehen beim Löschen von Metallbränden mit den Metallen teilweise eine chemische Reaktion ein, bzw. es bildet sich beim Bedecken des brennenden Stoffes eine Salzschmelze. Die Abdeckung des Brandgutes verhindert die Zufuhr von Sauerstoff. Das D-Löschpulver wird fast drucklos mit Hilfe sogenannter Pulverbrausen aufgetragen, da ein harter Pulverstrahl zu ungewünschten Reaktionen führen kann.

Unter der Pulverschicht glüht das Metall meist noch weiter. Der brennende Stoff ist erst dann vollständig gelöscht, wenn die Mindestverbrennungstemperatur des Stoffes unterschritten ist.

Vorteile des Löschmittels Pulver
• ist nicht giftig, umweltverträglich und vielseitig einsetzbar • führt zu einer schlagartigen Unterbrechung der Verbrennung bei allen Flammenbränden • bildet eine Schmelzschicht auf dem Brandgut, die die Zufuhr von Sauerstoff unterbricht

Nachteile des Löschmittels Pulver
• Beim Löschen von Bränden in elektrischen und feinmechanischen Anlagen entstehen erhebliche Folgeschäden durch die Verschmutzung der Anlage mit Löschpulver. • Die sich bildende Schmelzschicht ist elektrisch leitfähig und kann in unter Spannung stehenden Anlagen zu Stromüberschlägen führen. • Sichtbehinderungen durch Löschpulverwolke

	Nicht gegen den Wind, sondern mit dem Wind im Rücken den Brand von vorne nach hinten löschen. Löschmittelstrahl nicht wahllos in die Flammen richten, sondern von unten in der Glut beginnend löschen.
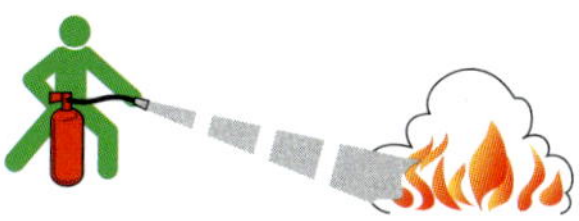	Brände fester Stoffe (Glutbrände) immer nur mit gezielten Löschmittelstößen löschen. Bei Bränden von Flüssigkeiten den Löschmittelstrahl aber nicht unterbrechen.
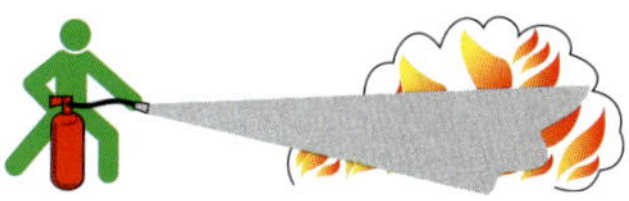	Bei Bränden von Flüssigkeiten den Löschmittelstrahl nicht direkt in die Flüssigkeit richten, sondern Löschmittel fächerförmig über die brennende Flüssigkeitsoberfläche verteilen.
	Bei Bränden größerer Ausdehnung nicht einzelne Feuerlöscher nacheinander einsetzen, sondern stets mit mehreren Personen und Feuerlöschern gleichzeitig den Löschangriff vortragen.
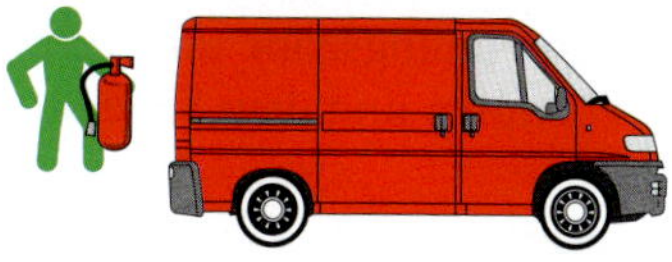	Benutzte oder in Betrieb gesetzte Feuerlöscher nicht wieder an ihren vorgesehenen Platz bringen, sondern durch einen Sachkundigen überprüfen und einsatzbereit machen lassen.

Abbildung 7: Vorgehensweise beim Einsatz von Löschpulver

4.4 Kohlendioxid

Kohlendioxid (chemische Formel CO_2) ist ein gasförmiges Löschmittel mit einer Sauerstoff verdrängenden Wirkung. Es verflüchtigt sich sehr rasch ohne jeglichen Rückstand und ohne chemische Einwirkungen. Im Freien ist es als Löschmittel weniger wirkungsvoll als in geschlossenen Räumen.

Kohlendioxid wird von den Feuerwehren vornehmlich mittels tragbaren oder fahrbaren Feuerlöschern eingesetzt. Darüber hinaus wird es in stationären Löschanlagen eingesetzt.

4.4.1 Eigenschaften

Kohlendioxid ist ein geruchloses, farbloses und elektrisch nicht leitendes Gas. Die Dichte beträgt 1,52 g/cm^{-3}, ist also ca. 1,5 mal schwerer als Luft. Es ist in Konzentrationen bis ca. 5 Vol.% für den Menschen ungefährlich. Höhere Konzentrationen dagegen wirken schädlich.

Bei Temperaturen von 20 °C lässt sich Kohlendioxid unter einem Druck von ca. 55 bar verflüssigen. Hierdurch lassen sich große Gasmengen in handlichen Druckbehältern unterbringen. Aus 1 kg verflüssigtem Kohlendioxid können so ca. 400 bis 500 Liter gasförmiges Kohlendioxid entstehen.

4.4.2 Löschwirkung

Die Löschwirkung von Kohlendioxid beruht auf Ersticken, d.h. es verdrängt den Sauerstoff der Umgebungsluft aus der Verbrennungszone und verdünnt so das Gemisch aus brennbaren Gasen oder Dämpfen und dem Sauerstoff.

Damit eine ausreichende Stickwirkung erreicht werden kann, muss der Sauerstoffgehalt der Umgebungsluft von 21 Vol.% auf unter ca. 15 Vol.% reduziert werden. Dazu ist eine löschwirksame Konzentration an Kohlendioxid erforderlich. Diese Konzentration lässt sich in der Regel nur in geschlossenen Räumen aufbauen.

4.4.3 Anwendungsmöglichkeiten und -grenzen

Das Löschmittel Kohlendioxid ist das am häufigsten eingesetzte gasförmige Löschmittel, besonders bei Bränden gasförmiger oder flüssiger Stoffe und bei Bränden in geschlossenen Räumen oder Behältern. Für Brände glutbildender Stoffe ist Kohlendioxid ungeeignet, da es zwar die äußeren Flammen löscht, dann aber sehr schnell verfliegt. Es kann dann unmittelbar zu Rückzündungen kommen.

Kohlendioxid wird allgemein als „Kohlendioxid-Schnee" zur Brandbekämpfung eingesetzt. Diese Zustandsform des Kohlendioxids hat sowohl eine erstickende als auch eine geringe kühlende Wirkung. Es eignet sich aber auch für die Bekämpfung von Bränden in elektrischen oder feinmechanischen Anlagen, Laboratorien, Bereichen mit Nahrungsmitteln o. Ä.

Vorteile des Löschmittels Kohlendioxid
• ist im Vergleich zu anderen Gasen relativ leicht zu speichern
• ist elektrisch nicht leitfähig
• ist ein „sauberes" Löschmittel, das sich rückstandsfrei verflüchtigt
• Es verursacht keine Umweltschäden.

Nachteile des Löschmittels Kohlendioxid
• Beim Einsatz in geschlossenen, engen Räumen besteht die Gefahr durch Kohlendioxid als Atemgift (Wirkung auf Blut, Nerven und Zellen); es muss von der Umgebungsluft unabhängiger Atemschutz eingesetzt werden.
• hat nur eine geringe Kühlwirkung; ist daher nicht geeignet zum Löschen von Bränden fester glutbildender Stoffe
• verflüchtigt sich rasch, besonders im Freien
• erreicht nur eine geringe Wurfweite (bei Feuerlöschern 1 bis 2 m)

4.5 Übersicht über die Anwendungsmöglichkeiten der Löschmittel

Löschmittel	Brandklassen					
	A Brände fester Stoffe	B Brände flüssiger Stoffe	C Brände von Gasen	D Brände von Metallen	F Brände von Speisefetten und -ölen	Brände im Bereich elektrischer Anlagen
Wasser (Vollstrahl)	🟩	🟥		🟥	🟥	🟨
Wasser (Sprühstrahl)	🟩	🟨		🟥	🟥	🟨
Schwerschaum	🟨	🟩		🟥	🟥	🟥
Mittelschaum	🟨	🟩				🟥
Leichtschaum	🟨	🟩				🟥
Spezialschaum					🟩	
ABC-Löschpulver	🟩	🟩	🟩		🟨	🟥
BC-Löschpulver	🟨	🟩	🟩		🟨	
D-Löschpulver				🟩		
Kohlendioxid		🟩	🟩	🟥	🟨	🟩

🟩 gute Löschwirkung

🟨 bedingt geeignet

⬜ nicht geeignet

🟥 Anwendung bedenklich

4.6 Sonstige Löschmittel

4.6.1 Argon

Argon (chemische Formel Ar) ist ein aus der Umgebungsluft gewonnenes farb- und geruchloses Edelgas. Es hat eine erstickende Löschwirkung, da es den Sauerstoff aus der Verbrennungszone verdrängt. Das Löschmittel Argon wird gasförmig verdichtet in Druckgasflaschen gelagert. Zum Einsatz kommt es nur in stationären Löschanlagen in räumlich abgegrenzten Objekten wie z.B. EDV-Anlagen.

4.6.2 Halone

Halone sind Kohlenwasserstoffverbindungen, in denen der Wasserstoff ganz oder teilweise durch Halogene ersetzt wurde. Zur Anwendung kam in tragbaren Feuerlöschern meist das Halon 1211 und in stationären Löschanlagen das Halon 1301. Diese Halone löschen einen Brand im Wesentlichen durch Störung der Verbrennungsreaktion. Aufgrund der von den Halonen ausgehenden Umweltbelastungen darf in Deutschland das Löschmittel Halon jedoch nur noch in genehmigten Ausnahmefällen eingesetzt werden!

Hinweis: Inzwischen wurden für stationäre Anlagen entsprechende Ersatz-Löschmittel wie z.B. FM 200 oder Novec 1230 entwickelt.

4.6.3 Inergen

Das Löschmittel Inergen ist eine Gasmischung aus 40 Vol.% Argon, 52 Vol.% Stickstoff und 8 Vol.% Kohlendioxid. Inergen erstickt das Feuer durch Verdrängen des Sauerstoffes der Umgebungsluft und gewährleistet durch einen physiologischen „Trick“ trotzdem für eine gewisse Zeit die Versorgung des menschlichen Körpers mit Sauerstoff. Nach der Flutung eines Brandraumes ergibt die Auslegung der Anlage eine Konzentration von ca. 13 Vol.% Sauerstoff und ca. 3 Vol.% Kohlendioxid. Bei diesen Konzentrationen erlöschen die meisten Brände.

Die für den menschlichen Organismus ungefährliche CO_2-Konzentration soll eine unwillkürliche Atmungsvertiefung und -frequenz anregen und gewährleisten, dass eine ausreichende Sauerstoffversorgung der im Raum befindlichen Personen stattfindet. Das Löschmittel Inergen wird gasförmig verdichtet in Druckgasflaschen gelagert. Zum Einsatz kommt es nur in stationären Löschanlagen in räumlich abgegrenzten Objekten.

4.6.4 Sand, Erde u. Ä.

Diese Materialien können Wärme aufnehmen, sind temperaturbeständig und – wenn sie in einer entsprechenden Schicht aufgetragen werden – auch luftundurchlässig. Sie eignen sich in trockener Form zum Abdecken von Metallbränden, die mit Wasser nicht gelöscht werden können (Magnesium, Natrium, Aluminium o. Ä.), von Flüssigkeitsbränden mit kleinen Brandflächen oder zum Einsatz bei Waldbränden.

4.6.5 Stickstoff

Stickstoff (chemische Formel N_2) ist ein farb-, geschmacks- und geruchloses Gas, welches weder brennbar noch giftig ist. Stickstoff hat eine erstickende Löschwirkung, da es den Sauerstoff aus der Verbrennungszone verdrängt. Als Löschmittel wird es in stationären Löschanlagen verwendet. In besonderen Fällen (Silobrände u. Ä.) wird Stickstoff auch mit Tankfahrzeugen zur Einsatzstelle transportiert und behelfsmäßig zum Fluten eingesetzt.

4.6.6 Wasser mit Netzmittel

Netzmittel sind Stoffe, die die Oberflächenspannung des Wassers herabsetzen. Durch die bessere Haftung des Netzmittels auf der Oberfläche des Brandgutes und die kleinere Tröpfchengröße dringt dieses Löschmittel tiefer in das Brandgut ein als Wasser und löscht dadurch intensiver als Wasser ohne Netzmittel. Dadurch wird der Wasserverbrauch und damit ein möglicher Wasserschaden verringert.

Mit Netzmittel aufbereitetes Wasser kann zum Löschen von Bränden fester glutbildender Stoffe eingesetzt werden wie z.B. Brände von Heu- oder Strohballen, Papier- oder Kunststoffballen oder Brände von Stoffen wie Gummi, Kohlenstaub, Faserstoffe.

In der Praxis wird über einen Schaummittel-Zumischer eine kleinstmögliche Menge an Schaummittel in die Förderleitung eingemischt und dieses Wasser-Schaummittel-Gemisch über normale Mehrzweckstrahlrohre abgegeben. Es reicht auch aus, eine Mischung aus ca. 9 Teilen Wasser und 1 Teil Schaummittel in einen Eimer o.Ä. einzufüllen und diese Mischung über einen Zumischer in die Förderleitung einzubringen.

4.7 Umweltschutz beim Einsatz der Löschmittel

Bei vielen Einsätzen wird die Feuerwehr nicht nur zur Rettung und zum Schutz von Personen und Sachgütern eingesetzt, sondern auch zum Schutz von Gewässern, der Luft und des Bodens. Dabei sollen von ihnen natürlich möglichst keine zusätzlichen Gefahren oder Beeinträchtigungen der Umwelt ausgehen. Dies gilt auch für die Brandbekämpfung durch die Feuerwehren.

Durch das Löschmittel **Wasser** können im Prinzip keine Umweltschäden verursacht werden, da es ja chemisch neutral und ungiftig ist. Die in den tragbaren Feuerlöschern mit Löschmittel Wasser befindlichen Frostschutzsalze bzw. Löschmittel mit wässrigen Lösungen stellen wegen ihrer geringen Einsatzmenge keine Umweltgefahr dar.

Wird das Löschmittel Wasser im Einsatzfall mit umweltgefährdenden Stoffen, Brandprodukten o.Ä. vermischt (kontaminiert), kann es jedoch zu erheblichen Umweltgefährdungen kommen. Im Einsatzfall sind deshalb entsprechende Maßnahmen der Löschwasser-Rückhaltung anzuwenden.

Bei der Anwendung des Löschmittels **Kohlendioxid** kommt es zu keinerlei Umwelt- oder Entsorgungsproblemen, da es sich rasch ohne jegliche Rückstände und ohne chemische Einwirkungen verflüchtigt.

Wird das Löschmittel **Schaum** eingesetzt, muss beachtet werden, dass die Schaummittel wassergefährdende Stoffe enthalten können. Die überwiegend für die Erzeugung von Schwerschaum eingesetzten Proteinschaummittel auf der Basis von wasserlöslichen Eiweiß-Abbauprodukten verhalten sich aus der Sicht des Umweltschutzes unproblematisch. Die in den Mehrbereichsschaummitteln enthaltenen Tenside werden jedoch als umweltgefährdend eingestuft. Sie entsprechen der Wassergefährdungsklasse der Haushaltsspülmittel.

Das Löschmittel **Pulver** gleicht in seiner Zusammensetzung z.B. den Düngemitteln und ist zunächst nicht wassergefährdend. Es enthält keine Gefahrstoffe im Sinne der Gefahrstoffverordnung. In großen Mengen auf kleinstem Raum eingesetzt kann es jedoch zu unerwünschten Wirkungen kommen.

4.7.1 Üben mit den Löschmitteln Schaum und Löschpulver

Übungen mit Schaum und Löschpulver sind unverzichtbarer Bestandteil der Ausbildung der Feuerwehr und müssen regelmäßig durchgeführt werden. Sie sind aber zum Schutz vor möglichen Umweltbeeinträchtigungen nach Schaummittel- und Löschpulvermenge und Übungshäufigkeit auf das unbedingt notwendige Maß zu beschränken.

Bei Übungen müssen die erforderlichen Umweltschutzmaßnahmen beachtet werden. Diese vom Bundesumweltministerium empfohlenen Maßnahmen sind im Anhang A und B des Beiblattes 1 zur DIN EN 3 „Tragbare Feuerlöscher – Feuerlöschmittel und Umweltschutz“ veröffentlicht worden. Aus dieser Veröffentlichung sind nachfolgend die wichtigsten Punkte aufgeführt.

Unter Beachtung der vorgenannten Regeln bestehen gegen den Einsatz und das Üben mit diesen Löschmitteln keine Bedenken.

- Übungen dürfen nur so durchgeführt werden, dass jede vermeidbare Beeinträchtigung von Gewässern unterbleibt.
- In Wasserschutz- und Grundwassereinzugsgebieten von Trinkwassergewinnungsanlagen müssen Löschübungen unterbleiben.
- Im Zuflussbereich von und auf Oberflächengewässern, in Vorbehaltsgebieten für die öffentliche Wasserversorgung, in Karstgebieten sowie Gebieten mit flurnahem Grundwasser, in Überschwemmungsgebieten und Feuchtbiotopen müssen Übungen mit Schaum unterbleiben.
- Der Einsatz von Schaummitteln oder Löschpulver für Löschvorführungen ohne Übungs- und Erprobungscharakter muss unterbleiben.
- Schaummittel sollen auf befestigten Flächen mit Ablauf zu biologischen Kläranlagen zum Einsatz kommen. Beim Vorliegen eines ausreichenden Verdünnungsverhältnisses zwischen Schaummittel-Wasser-Gemisch und Kläranlagengesamtzulauf sind Beeinträchtigungen nicht zu erwarten. Die Zustimmung des Kläranlagenbetreibers ist einzuholen.
- Übungen mit Löschpulver müssen auf befestigten Flächen durchgeführt werden. Nach Beendigung müssen Pulverreste zusammengekehrt und ordnungsgemäß entsorgt werden.
- Für Übungen sollte für Flüssigkeitsbrandobjekte bleifreier Vergaserkraftstoff in einer flüssigkeitsdichten Auffangwanne und für Feststoffbrandobjekte unbehandeltes, abgelagertes und trockenes Holz eingesetzt werden.
- Die Verantwortung für die Vorbereitung und Durchführung von Übungen ist fachkompetenten Personen aus dem Kreise der Feuerwehren oder Personen mit entsprechender Qualifikation zu übertragen.
- Beim Umgang mit Schaummitteln sind die technischen Produktinformationen der Hersteller sowie Sicherheitsdatenblätter und Hinweise auf den Schaummittelbehältern zu beachten.

4.8 Selbstkontrolle und Testfragen

(Lösungen siehe Seite 68)

1. Welche Eigenschaften hat das Löschmittel Wasser?

a) Es ist chemisch neutral.
b) Es hat eine niedrige Verdampfungswärme.
c) Es hat eine hohe Verdampfungswärme.
d) Es ist elektrisch nicht leitfähig.

2. Welchen Vorteil gegenüber einem Vollstrahl hat der Einsatz des Löschmittels Wasser in Form eines Sprühstrahls?

a) Es entstehen viele kleine Wassertropfen mit einer entsprechend großen Oberfläche.
b) Bei der Brandbekämpfung im Bereich elektrischer Anlagen müssen geringere Sicherheitsabstände eingehalten werden.
c) Es wird eine größere Wärmemenge gebunden.
d) Es kann eine größere Brandfläche abgedeckt werden.

3. Bei welchen Einsätzen darf das Löschmittel Wasser nicht oder nur bedingt eingesetzt werden?

a) Bei Bränden von Metallen
b) Bei Bränden von Kunststoffen
c) Bei Bränden mit sehr hohen Temperaturen
d) Bei Bränden in elektrischen Anlagen

4. Welche Löschwirkung hat das Löschmittel Schaum?

a) Er verhindert bei brennenden Stoffen den Austritt von Dämpfen in die Verbrennungszone.
b) Er behindert den Zutritt von Sauerstoff in die Verbrennungszone.
c) Er wirkt durch das enthaltene Schaummittel auf den chemischen Ablauf der Verbrennung.
d) Er hat in geringem Umfang auch eine abkühlende Wirkung.

5. Welche Löschwirkung hat das Löschmittel Kohlendioxid?

a) Eine abkühlende Löschwirkung
b) Eine Sauerstoff verdrängende Löschwirkung
c) Eine reaktionshemmende Löschwirkung
d) Eine auflösende Löschwirkung

6. Was ist bei Übungen mit den Löschmitteln Schaum und Löschpulver zu beachten?

a) Übungen mit dem Löschmittel Schaum oder Löschpulver sind aus Umweltschutzgründen nicht mehr erlaubt.
b) Schaummittel- und Löschpulvermenge sowie die Übungshäufigkeit sind auf das unbedingt notwendige Maß zu beschränken.
c) Der Einsatz von Schaummitteln oder Löschpulver für Löschvorführungen ohne Übungs- und Erprobungscharakter muss unterbleiben.
d) In Wasserschutz- und Grundwassereinzugsgebieten von Trinkwassergewinnungsanlagen können Übungen mit dem Löschmittel Schaum oder Löschpulver mit Zustimmung der Gemeinde durchgeführt werden.

5 Verwendete Abkürzungen

B	Schlauch- und Armaturengröße (Innendurchmesser 75 mm)
bar	Bar (Einheit für Druck)
C	Schlauch- und Armaturengröße (Innendurchm. 42 mm o. 52 mm)
°C	Grad Celsius (Einheit für Temperatur)
cm	Zentimeter (Einheit für Länge)
CM	Mehrzweckstrahlrohr
cm^3	Kubikzentimeter (Einheit für Volumen)
d.h.	das heißt
DIN EN	DIN-Europa-Norm
EDV	elektronische Datenverarbeitung
FwDV	Feuerwehr-Dienstvorschrift
hPa	Hektopascal (Einheit für Druck)
K	Kelvin (Einheit für Temperatur)
kg	Kilogramm (Einheit für Masse)
kJ	Kilojoule (Einheit für Energie)
lat.	lateinisch
m	Meter (Einheit für Länge)
m^3	Kubikmeter (Einheit für Volumen)
o.Ä.	oder Ähnliche(s)
PG ...	Pulverlöscher mit ABC-Löschpulver (frühere Kennzeichnung)
u.a.	und andere(s)

u.Ä.	und Ähnliche(s)
u.U.	unter Umständen
Vol. %	Volumenprozent
VZ	Verschäumungszahl
z.B.	zum Beispiel
>	größer als ...

6 Literatur- und Quellenverzeichnis

HAMILTON, W.: Handbuch für den Feuerwehrmann, 19. Auflage 1999, Boorberg-Verlag, Stuttgart

KLINGSOHR, K.: Verbrennen und Löschen, Rotes Heft 1, 17. Auflage 2002, Verlag W. Kohlhammer, Stuttgart

POLTHIER, K.: Lexikon Brand- und Explosionsschutz, Ausgabe 1996, Verlag W. Kohlhammer, Stuttgart

SCHOTT, L., RITTER, M.: Feuerwehr-Grundlehrgang, FwDV 2/2, 10. Auflage 1997, Wenzel-Verlag, Marburg

Lösungen zu Kapitel 2.7: 1. b); 2. a); 3. b) bis d); 4. c)

Lösungen zu Kapitel 3.8: 1. c); 2. a) bis d); 3. c); 4. a) und d)

Lösungen zu Kapitel 4.8: 1. a) und c); 2. a), c) und d); 3. a), c) und d); 4. a), b) und d); 5. b); 6. b) und c)